Math Mindbenders

TAMSIN O'SHEA

Copyright © 2017 Tamsin O'Shea

All rights reserved.

ISBN:197921624X
ISBN-13: 978-1979216241

CONTENTS

	Introduction	i
1	Examples	Pg 1-8
2	Exercises 1st Method	Pg 9-30
3	Exercises 2nd Method	Pg 31-50
4	Exercises 2nd Method (Harder)	Pg 51-78
5	Puzzle pages	Pg 79-94
6	Answers	Pg 95-100

INTRODUCTION

MATH MINDBENDERS

I wrote this book to help children learn maths with a bit of fun along the way.

In this book we concentrate on **Mathmatical Mindbenders Using Pictures.**

There is 6 sections to this book. Each worksheet has a blank lined page on it's back for working out, if required

Chapter 1: Examples Method 1.

Chapter 2: Examples Method 2.

Chapter 3: Method 1 Exercises.

Chapter 4: Method 2 Exercises.

Chapter 5: Puzzle Pages.

Chapter 6: Answers.

Examples

Tamsin O'Shea

These pictures are used to represent a certain number, using the clues provided you will need to find what number each picture represents, then use that information to do the sum.

First method:

Example:

◀ = 5

⚡ = 2

So a sum that looks like this: ⚡ + ◀ = ?

The answer would be 5 + 2 = 7

Another example would be:

🐵 = 6

🦆 = 3

So a sum that looks like this 🐵 + 🦆 = 9

Second method:

You will also see some that look like this

🅱 🅱   = 16

From that we know there is 2 symbols so each 🅱 symbol would represent the number 8 because 8 + 8 = 16

Another example would be:

🎩 🎩 = 12

🎩 🍀 = 10

🍀 = ?

So for this one we start with the hats, each hat represents a 6, the second set of pictures show the hat, which we know is the 6, plus a clover, so we use the answer (10) and do a sum like this,

10 − 6 = ?

We are left with 4, so the clover represents the number 4.

= 4

One more example then we will get to the exercises.

🌵 🌵 = 16

🌵 🎮 = 17

So for this one we start with the cactus 🌵, each one represents a number 8, the second set of pictures show a cactus, which we know is the number 8, plus a game contoller.

17 – 8 = ?

We are left with 9, so the game controller represents the number 9.

🎮 = 9

Tamsin O'Shea

2

Exercises

First Method

Tamsin O'Shea

Mindbenders

Name_____ Date _____

Exercise 1

Ok lets try some using the first method.

🎁 = 5   ⊙ = 3   🥨 = 7   🖱 = 1

1. 🎁 + 🥨 = 12   2. 🖱 + ⊙ = ……………

3. 🎁 + ⊙ = ……………   4. ⊙ + 🖱 = ……………

5. 🖱 + 🥨 = ……………   6. 🥨 + 🥨 = ……………

7. 🎁 + 🎁 = ……………

Mindbenders

Name_____ Date _____

Exercise 2

☕ = 2   ▲ = 6   🧢 = 9   🎠 = 3

1. ☕ + 🧢 = 11   2. 🎠 + ▲ = ...

3. ☕ + ☕ = ...   4. ▲ + ▲ = ...

5. 🎠 + 🧢 = ...   6. ☕ + 🎠 = ...

7. 🧢 + ▲ = ...

Mindbenders

Name_____ Date _____

Exercise 3

🏕 = 4   💩 = 5   🐰 = 1   😮 = 7   ✡ = 9

1. 🐰 + 🏕 = ...   2. 💩 + 😮 = ...

3. 🏕 + 💩 = ...   4. 💩 + 🐰 = ...

5. 😮 + ✡ = ...   6. 🐰 + ✡ = ...

7. ✡ + 🏕 = ...

Mindbenders

Name_____ Date _____

Exercise 3

🐶 = 5   🎩 = 9   🎮 = 2   ❓ = 6   🦷 = 8

1. 🎮 + 🦷 = ...   2. 🎩 + ❓ = ...

3. 🐶 + 🎮 = ...   4. ❓ + 🎩 = ...

5. 🦷 + 🐶 = ...   6. 🎮 + ❓ = ...

7. 🎩 + 🦷 = ...

Mindbenders

Name_____ Date _____

Exercise 4

🎩 = 9   🎃 = 6   🎈 = 3   ⬤ = 5   🥤 = 1

1. 🎃 + 🥤 = ...   2. 🎈 + 🎩 = ...

3. 🎃 + ⬤ = ...   4. 🎩 + 🎃 = ...

5. 🥤 + 🎈 = ...   6. 🎃 + ⬤ = ...

7. 🎩 + 🎈 = ...

Mindbenders

Name_____ Date _____

Exercise 5

★(circled) = 3   🖱 = 7   ☕ = 1   🍿 = 9   ☆ = 5

1. ★ + ☕ = ...   2. 🖱 + 🍿 = ...

3. ☕ + ☆ = ...   4. 🍿 + ★ = ...

5. ☕ + 🖱 = ...   6. ☆ + ★ = ...

7. ☕ + 🍿 = ...

Mindbenders

Name_____ Date _____

Exercise 6

Now let's try some using 3 pictures in each sum.

🚲 = 10   ✥ = 3   🦷 = 8   🐕 = 2

🧸 = 5   ✱ = 7   👦 = 9

1. 🧸 + 👦 + 🦷 = ...

2. ✱ + 🐕 + 🧸 = ...

3. 🦷 + ✥ + 👦 = ...

Exercise 6 Cont.

4. ✻ + 🧸 + 🐕 = ...

5. 👦 + 🦷 + 🚲 = ...

6. 🐕 + 🧸 + ✻ = ...

7. ✻ + 🐕 + 👦 = ...

Mindbenders

Name_____ Date _____

Exercise 7

✋ = 7   ⚓ = 1   ⏩ = 6   🔍 = 9   ⌘ = 2

🚼 = 8   ⬆ = 4

1. ✋ + 🚼 + 🔍 = ...

2. ⬆ + ⚓ + ⌘ = ...

3. ⏩ + 🚼 + 🔍 = ...

Exercise 7 Cont.

4. ⇧ + ⌘ + ⚓ = ...

5. ⌘ + ✋ + ⇧ = ...

6. ⚓ + 🚼 + 🔍 = ...

7. ⌘ + ⏩ + ✋ = ...

3

EXERCISES SECOND METHOD

Exercise 8

Now we will do some using the second method.

1.

  = 10

  = 7

 = ___

2.

  = 14

 = 11

= ___

3.

= 8

= 10

= ___

4.

  = 20

  = 13

= ___

Mindbenders

Name_____ Date _____

Exercise 9

1.

🏈 🏈 = 16

🏈 🦷 = 15

🦷 = ___

2.

🫖 🫖 = 12

🫖 🏆 = 14

🏆 = ___

3.

🚲 🚲 = 20

🚲 ⚙️ = 14

⚙️ = ___

4.

⭐ ⭐ = 18

⭐ ✔ = 17

✔ = ___

Mindbenders

Name_____ Date _____

Exercise 10

1.

🌿 🌿 = 24

🌿 🧅 = 17

🧅 = ___

2.

🎂 🎂 = 22

🎂 🍔 = 16

🍔 = ___

3.

🖌 🖌 = 30

🖌 ♦ = 19

♦ = ___

4.

✦ ✦ = 28

✦ ⚡ = 20

⚡ = ___

Mindbenders

Name_____ Date _____

Exercise 11

Now we will do some harder ones, still using the second method.

1.

🕷 🕷 🕷 = 9

🕷 ☕ = 7

☕ = ___

2.

📱 📱 📱 = 15

📱 🍗 = 11

🍗 = ___

3.

🐇 🐇 🐇 = 21

🐇 ⚡ = 12

⚡ = ___

4.

✤ ✤ ✤ = 6

✤ 🎩 = 9

🎩 = ___

Mindbenders

Name_____ Date _____

Exercise 12

1.

✔ ✔ ✔ = 27

✔ 👶 = 16

👶 = ___

2.

🐍 🐍 🐍 = 33

🐍 🏛 = 15

🏛 = ___

3.

▲▲▲ = 24

▲ 🍲 = 13

🍲 = ___

4.

▬ ▬ ▬ = 30

▬ 🦴 = 17

🦴 = ___

Mindbenders

Name_____ Date _____

Exercise 13

1.

 = 3

 ⌘ = 5

⌘ = ___

2.

🌭🌭🌭 = 36

🌭  = 17

 = ___

3.

☾ ☾ ☾ = 45

☾ = 20

 = ___

4.

🍸🍸🍸 = 21

🍸 = 13

 = ___

Mindbenders

Name_____ Date _____

Exercise 14

1.

♦ ♦ ♦ = 33

 = 21

🪲 = ___

2.

⚡ ⚡ ⚡ = 42

⚡ ᧚ = 18

ᧂ = ___

3.

☘ ☘ ☘ = 60

 = 31

💍 = ___

4.

💩 💩 💩 = 45

💩 🐰 = 21

🐰 = ___

Mindbenders

Name_____ Date _____

Exercise 15

1.

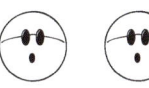 = 48

 = 21

 = ___

2.

 = 30

 = 13

 = ___

3.

 ? ? ? = 12

? = 20

 = ___

4.

 = 24

 = 13

 = ___

Mindbenders

Name_____ Date _____

Exercise 16

1.

★ ★ ★ = 90

★ 🎮 = 45

🎮 = ___

2.

🌭 🌭 🌭 = 66

🌭 🎩 = 27

🎩 = ___

3.

🏹 🏹 🏹 = 72

🏹 🕺 = 34

🕺 = ___

4.

🐨 🐨 🐨 = 42

🐨 🐞 = 20

🐞 = ___

4

EXERCISES SECOND METHOD HARDER ONES

Math Mindbenders

Name_____ Date_____

Exercise 17

Here are some harder ones.

1.

 = 36

 = 18

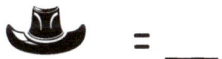 = ___

2.

 = 12

  = 10

 = ___

3.

   = 27

  = 19

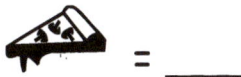 = ___

4.

 = 21

 = 11

▲ = ___

Math Mindbenders

Name_____ Date _____

Exercise 18

1.

 = 66

⌘ ⌘ ⌘ = 42

⌘ = ___

2.

 = 36

▦ 🖱 🖱 = 18

🖱 = ___

3.

🅰🅱🅲 🅰🅱🅲 🅰🅱🅲 = 48

🅰🅱🅲 ⚓ ⚓ = 20

⚓ = ___

4.

🦖 🦖 🦖 = 24

🦖 🐴 🐴 = 14

🐴 = ___

Math Mindbenders

Name_____ Date _____

Exercise 19

1.

  = 18

  = 12

 = ___

2.

   = 84

   = 48

 = ___

3.

  = 51

  = 27

 = ___

4.

   = 90

  = 60

= ___

Name_____ Date _____

Exercise 20

1.

 = 39

♳ ⚘ ⚘ = 23

⚘ = ___

2.

 = 9

🕴 ⧗ ⧗ = 23

⧗ = ___

3.

✗ ✗ ✗ = 54

✗ 🏺 🏺 = 40

🏺 = ___

4.

🦖 🦖 🦖 = 63

🦖 🐱 🐱 = 51

🐱 = ___

Math Mindbenders

Name_____ Date _____

Exercise 21

1.

 = 99

  = 47

2.

 = 75

   = 65

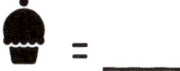

3.

 = 15

   = 45

 = ___

4.

 = 39

  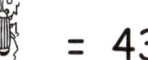 = 43

 = ___

Math Mindbenders

Name_____ Date _____

Exercise 22 Pay attention to the pictures from now on, they can get trickier.

1.

△ △ △ = 57

△ △ ☆ = 50

☆ = ___

2.

 = 81

 = 61

🐱 = ___

3.

🔍 🔍 🔍 = 6

🔍 🔍 ⬛ = 16

⬛ = ___

4.

⌛ ⌛ ⌛ = 54

⌛ ⚱ ⚱ = 40

⚱ = ___

63

Exercise 23

1.

2 2 2 = 69

2 ✗ ✗ = 43

✗ = ___

2.

♌ ♌ ♌ = 30

♌ ♌ ⚓ = 37

⚓ = ___

3.

🏺 🏺 🏺 = 78

🏺 🏺 🐘 = 65

🐘 = ___

4.

⬆ ⬆ ⬆ = 96

⬆ 🏺 🏺 = 56

🏺 = ___

Exercise 24

1.

 = 93

 = 85

 = ___

2.

 = 3

 = 21

 = ___

3.

 = 60

 = 30

 = ___

4.

 = 51

 = 44

 = ___

Name__________________ Date __________________

Exercise 25

1.

 = 87

 = 98

 = ___

2.

 = 57

 = 62

 = ____

3.

 = 15

 = 27

 = ____

4.

 = 60

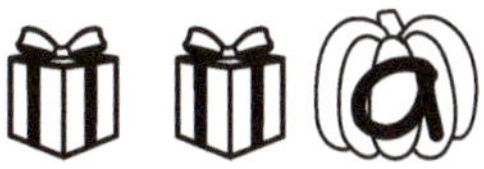 = 51

 = ____

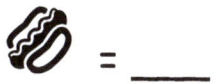

Math Mindbenders

Name_____ Date_____

Exercise 26

1.

🧲 🧲 🧲 = 63

🧲 🎩 🎩 = 67

🎩 = ___

2.

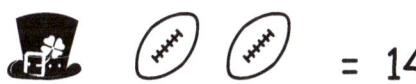

🏈 = ___

3.

☯ ☯ ☯ = 81

☯ ☯ 🪰 = 65

🪰 = ___

4.

🐵 = ___

Math Mindbenders

Name_____ Date _____

Exercise 27

1.

 = 72

 = 44

🧙‍♀️ = ___

2.

🐎 🐎 🐎 = 33

🐎 🐎 ❓ = 40

❓ = ___

3.

◆◆◆ = 42

◆◆🚌 = 40

🚌 = ___

4.

🏹🏹🏹 = 93

🏹🏹📁 = 70

📁 = ___

Exercise 28

1.

 = 27

 = 28

🡑 = ___

2.

 = 69

 = 45

 = ___

3.

♑ ♑ ♑ = 99

♑ 🗡 🗡 = 63

🗡 = ___

4.

❀ ❀ ❀ = 48

 = 41

☕ = ___

Math Mindbenders

Name_____ Date_____

Exercise 29

1.

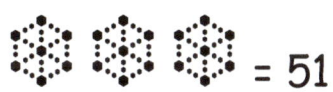 = 51

 = 48

🎩 = ___

2.

 = 18

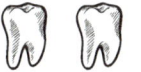 = 14

🦷 = ___

3.

 = 63

 = 45

★ = ___

4.

 = 78

★ ★ 🎓 = 82

🎓 = ___

5

PUZZLE PAGES

Tamsin O'Shea

Math Mindbenders

Name_____ Date _____

Exercise 30 This one is a puzzle page. Next to the sum is a letter, the letter represents the number, that you get in the answer.

EG Sum 1 has the letter E and the answer is 12, so in the box below, under all the number 12's, you write the letter E.

1. E

✓ ✓ ✓ = 60

✓ ✓ ☐ = 52

☐ = 12

2. W

⌘ ⌘ ⌘ = 30

⌘ ⬆ = 25

⬆ = ___

Exercise 30 Continued.

3. O

   = 45

   = 37

 = ___

4. N

   = 15

   = 50

 = ___

5. D

   = 24

   = 28

 = ___

6. L

   = 36

   = 33

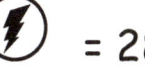 = ___

Exercise 30 Continued.

15	12	9	9
	E		

5	7	20	12

Math Mindbenders

Name_____ Date _____

Exercise 31
This one is a puzzle page. Next to the sum is a letter, the letter represents the number, that you get in the answer.

EG Sum 1 has the letter R and the answer is 6, so in the box below, under all the number 6's, you write the letter R.

1. R

☾ ☾ ☾ = 33

☾ 🐂 = 17

🐂 = 6

2. Z

🎩 🎩 🎩 = 51

🎩 🎩 🪶 = 39

🪶 = ___

Exercise 31 Continued.

3. Y

🍀🍀🍀 = 30

🍀🍀☺ = 37

☺ = ___

4. T

🦆🦆🦆 = 42

🦆 🌱 🌱 = 34

🌱 = ___

5. E

🐶🐶🐶 = 66

🐶🐶 ♟ = 34

♟ = 12

6. A

🦷🦷🦷 = 27

🦷 🛡 = 16

🛡 = ___

Exercise 31 Continued.

7. U

 = 45

🎩🎩⚓ = 42

⚓ = ___

8. H

 = 99

 = 36

♦ = ___

9. W

 = 51

🖱♎♎ = 21

♎ = ___

10. O

🚲 🚲 🚲 = 9

🚲 📄 = 16

📄 = ___

Name_____ Date _____

Exercise 31 Continued.

11. M

   = 12

   = 28

 = ___

12. I

   = 36

  △ = 34

△ = ___

17	13	12

7	6	10
	R	

7

20	7	15	3

2	11	4	4

6

ANSWERS

Tamsin O'Shea

45

Exercise	1	2	3	4	5	6	7
1	12	4	8	4	8	14	10
2	11	9	4	12	12	5	15
3	5	12	9	6	16	10	13
4	7	12	9	15	4	11	12
5	4	16	6	12	8	8	10
6	22	14	20	14	27	14	18
7	24	7	25	7	13	18	15

Exercise	1	2	3	4
8	2	4	6	3
9	7	8	4	8
10	5	5	4	6

11	4	6	4	7
12	7	4	5	7
13	4	5	5	5
14	10	4	11	6
15	5	3	16	5
16	15	5	10	6
17	3	2	5	2

Exercise	1	2	3	4
18	10	3	2	3
19	3	10	5	15
20	5	10	11	15
21	7	20	20	15
22	12	7	12	16
23	10	17	13	24
24	23	10	5	10
25	40	24	11	11
26	23	4	11	10
27	10	18	22	8
28	10	11	15	9

Exercise	1	2	3	4	5	6
30	12	15	7	20	5	9

15	12	9	9
W	E	L	L

5	7	20	12
D	O	N	E

Ex.	1	2	3	4	5	6	7	8	9	10	11	12
31	6	4	17	15	10	7	12	3	2	13	20	11

17	13	12
Y	O	U

7	6	10
A	R	E

7
A

20	7	15	3
M	A	T	H

2	11	4	4
W	I	Z	Z

ABOUT THE AUTHOR

Tamsin O'Shea is a proud mother and grand-mother. She enjoys reading and writing. Both her children and her grand-children are inspiration for her books.

She has many books near completion, and some already published. They consist of standard children's books, YA Books and Story/Textbooks, where she teaches math using the story.

You can contact via facebook. If you search Tamsin O'Shea Author

www.ingramcontent.com/pod-product-compliance
Lightning Source LLC
Chambersburg PA
CBHW051153220526
45473CB00003B/754